# BEI GRIN MACHT SICH IHR WISSEN BEZAHLT

- Wir veröffentlichen Ihre Hausarbeit,
  Bachelor- und Masterarbeit

- Ihr eigenes eBook und Buch -
  weltweit in allen wichtigen Shops

- Verdienen Sie an jedem Verkauf

Jetzt bei www.GRIN.com hochladen
und kostenlos publizieren

Daniel Norkowski

# Energieeffizienzsteigerung in der Fördertechnik sowie bei Motoren und Antrieben in der Industrie

## Gesetzliche Vorgaben, Ist-Zustand, Potenziale und Grenzen

GRIN Verlag

**Bibliografische Information der Deutschen Nationalbibliothek:**

Die Deutsche Bibliothek verzeichnet diese Publikation in der Deutschen National-
bibliografie; detaillierte bibliografische Daten sind im Internet über http://dnb.d-
nb.de/ abrufbar.



**Impressum:**

Copyright © 2014 GRIN Verlag GmbH
Druck und Bindung: Books on Demand GmbH, Norderstedt Germany
ISBN: 978-3-656-82708-5

# Energieeffizienzsteigerung in der Fördertechnik sowie bei Motoren und Antrieben in der Industrie

Gesetzliche Vorgaben, Ist-Zustand, Potenziale und Grenzen

# Inhalt

# 1. Einleitung

Der Fähigkeit, vorhandene Energien für eigene Zwecke nutzbar zu machen verdanken wir Menschen die technologischen Standards. Für jede neue technologische Errungenschaft benötigen wir immer größere Energiemengen. Laut dem Energieerhaltungssatz ist es jedoch so, dass Energie weder erzeugt noch vernichtet, sondern lediglich umgewandelt werden kann. Demzufolge ist es von maßgeblicher Bedeutung, die eingesetzten Energien möglichst effizient und ressourcenschonend zu nutzen. Neben hohen Kosten und den vorhandenen Rohstoffabhängigkeiten sind auch Umweltschutzaspekte von hoher Bedeutung. Jedes Unternehmen sollte daher darauf bedacht sein, Energieeinsparpotentiale zu entdecken. Sinn dieser Ausarbeitung ist, im folgenden Kapitel auf das Thema Energieeffizienz einzugehen, die Begrifflichkeit zu definieren und den Nutzen und die Sinnhaftigkeit dieses Themas zu verdeutlichen. Ausgehend von der Definition des Begriffes Energieeffizienz werde ich in Kapitel drei auf industrielle Fördertechnologien eingehen. Industrielle Fördertechnologien deshalb, weil in der Industrie sowie in den GHD-Sektoren mehr als 40% der erzeugten Energie verbraucht werden.[1] Bedingt durch diese hohe Verbrauchsstruktur, welche durch einen mengenmäßig hohen Einsatz von Elektromotoren charakterisiert ist, wird in diesem Kapitel noch auf die Anwendungsbereiche der industriellen Fördertechniken und den dort verwendeten Elektromotoren eingegangen. Nachdem die grundlegenden Funktionsweisen der unterschiedlichen Motoren erläutert wurden, wird noch explizit auf die Wirkungsgrade der Elektromotoren eingegangen. Bei der Betrachtung ist maßgeblich, inwiefern Elektromotoren Leistungsverluste aufweisen und welche Möglichkeiten bestehen, diese für eine Effizienzsteigerung zu kompensieren. Da allerdings nicht nur baubedingte Veränderungen der Motoren die Energieeffizienz steigern, wird im darauf folgenden Kapitel auf die steuerungstechnischen Elemente eines Fördersystems eingegangen. Nachdem die technische Seite der Elektromotoren erklärt wurde, wird in Kapitel vier explizit auf die mögliche Energieeffizienzsteigerung von Elektromotoren eingegangen. Dort werden zunächst die gesetzlichen Vorgaben und Kennzeichnungen, der jetzige Ist-Zustand dieser Verbrauchergruppe und die Potentiale möglicher

---

[1] (AG Energiebilanzen, 2013)

Energieeinsparungen erklärt. Schlussendlich wird auf die Lebenszykluskosten von Elektromotoren eingegangen und erläutert, warum sich eine kostenintensivere Anschaffung von effizienten Motoren letztlich lohnt. In Kapitel fünf folgen ein zusammenfassendes Fazit sowie eine Gesamtbetrachtung mit Handlungsempfehlungen in Bezug auf Beschaffungs- oder Modernisierungsmaßnahmen von Elektromotoren. Viel Spaß beim Studieren dieser Ausarbeitung.

## 2. Energieeffizienz

### 2.1 Definition des Begriffes Energieeffizienz

*„Energieeffizienz ist das Maß für den Energieaufwand zur Erreichung eines festgelegten Nutzens. Die Energieeffizienz ist umso höher, je geringer die Energieverluste für das Erreichen des jeweiligen Nutzens sind.“*[2] Ein Vorgang ist somit effizient, wenn mit einem minimalen Energieaufwand ein möglichst großer Nutzen erreicht wird. Dieses ökonomische Prinzip beschreibt dabei den Zustand, dass Wirtschaftssubjekte in ihrem wirtschaftlichen Handeln die eingesetzten Güter einer zweckrationalen Nutzenmaximierung zuführen. Gründe für diese Maximierung können unter Anderem in einer Verknappung oder Kostensteigerung der erhältlichen Rohstoffe liegen. Neben diesen Aspekten überwiegt allerdings der grundsätzliche Nachhaltigkeitsgedanke in Bezug auf den verantwortungsvollen Umgang mit Energie und der Umwelt. Ziel soll es letztlich sein, durch einen effizienten Rohstoffverbrauch die Umwelteinflüsse nachhaltig zu mindern, möglichst ganz zu unterbinden und den nachfolgenden Generationen eine lebenswerte Umwelt zu hinterlassen.

Zusammenfassend kann man sagen, dass Energieeffizienz durch eine zweckrationale Nutzenmaximierung beschreiben wird. Gründe dafür finden sich in Kostensteigerungen oder Verknappungen von Rohstoffen wieder, sowie in den gewünschten Nachhaltigkeitsaspekten jetziger Generationen.

### 2.2 Nutzen und Sinnhaftigkeit von Energieeffizienz

Der Sinn und der Nutzen einer Energieeffizienzsteigerung liegen in der möglichen Einsparung von Energie und der damit verbundenen Minderung der Abhängigkeit von rohstoffreichen Ländern. Grundsätzlich führt eine

---

[2] (Bundesministerium für Umwelt, Naturschutz, Bau und Reaktorsicherheit, 2014)

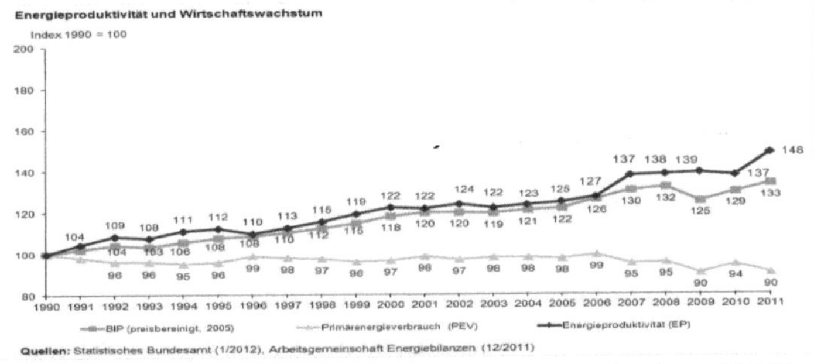

Abbildung 1:Energieproduktivität der BRD seit 1990; Quelle: Statistisches Bundesamt (1/2012)

Verbrauchsminderung meist zu Kostensenkungen, einer verbesserten Lebensqualität, der Vermeidung weiterer Umweltschäden, sowie der Minderung des Ausstoßes umwelt- und klimaschädlicher Kohlendioxide. *„Eine der dringendsten Aufgaben der Gegenwart ist die Steigerung der Energieeffizienz. Entscheidend ist, wie viel Energie wir aus den uns zur Verfügung stehenden Ressourcen gewinnen und wie wir diese verbrauchen. Das spart Geld und mindert den Ausstoß klimagefährlicher Gase".*[3] Die Steigerung der Energieeffizienz ist in der BRD somit politisch gewollt. Bereits seit 1990 konnte die Energieproduktivität vom Primärenergieverbrauch entkoppelt und somit gesteigert werden.

Dieser Zustand verdeutlicht, dass in der BRD, Unternehmen, Kommunen und private Haushalte schon seit mehr als 20 Jahren auf einem guten Weg sind, die Lebensqualität im Land zu steigern und dabei den Fokus auf einen ressourcenschonenden Umgang mit Rohstoffen legen. Das Thema Energieeffizienz ist somit nicht nur in den Unternehmen und Kommunen aktuell, sondern auch innerhalb der Bevölkerung. Dies zeigt vor allem in der Bereitschaft zur Inbetriebnahme erneuerbarer Energiequellen, ressourcensparender Beleuchtungsmittel und einem Umdenken in Bezug auf Endenergieverbräuche in den privaten Haushalten.

Zusammenfassend stellt sich heraus, dass neben Unternehmen und Kommunen auch die Bevölkerung sich dem Thema Energiceffizienz zugewendet hat. Eine Steigerung der Energieeffizienz führt dabei meist zu besseren Umweltbedingungen und Kosteneinsparungen. Die BRD geht hierbei mit gutem Beispiel voran und entkoppelt seit mehr als 20 Jahren die Energieproduktivität vom Primärenergieverbrauch.

---

[3] (Spindeldreier, 2009)

# 3. Industrielle Fördertechnologien

## 3.1 Anwendungsbereiche

Fördertechnische industrielle Anlagen finden sich in allen Bereichen wieder, von der Produktion bis hin zu Montage-, Sortier- und Verteilersystemen. Des Weiteren finden solche Anlagen Verwendung bei Verpackungs-, Transport-, Lager- und Umschlagprozessen. Je nach Beschaffenheit des Fördergutes und den Anforderungen an die Güterfortbewegung kommt eine Vielzahl unterschiedlicher Fördersysteme zum Einsatz. Die Förderanlagen bzw. Fördersysteme werden in Stetigförderer und Unstetigförderer unterteilt.[4] Bei Stetigförderern sind die zu fördernde Kapazität und der Transportweg vorgegeben. Insbesondere der Transportweg kann häufig nicht an sich ändernde Produktionsabläufe angepasst werden, da die Infrastruktur solche Änderungen nicht vorsieht. Beispiele für Stetigförderer sind Gurtbänder oder Kettenkratzförderer, wie sie im Berg- bzw. Tagebau genutzt werden, Schnecken- und Rollenförderer, sowie pneumatische Förderer. Unstetigförderer hingegen arbeiten bedarfsabhängig in einzelnen oder auch getakteten Intervallen. Hierzu gehören Flurförderfahrzeuge, wie z.B. der Gabelstapler, Elektrokarren, Lifte, Kräne und Regalbediengeräte.[5] Zum Transport des Gutes sind die Förderer mit Elektromotoren ausgestattet. Es ist somit ersichtlich, dass bei der großen Bandbreite der eingesetzten Elektromotoren im Bereich der Fördertechnik erhebliche Potenziale zur Steigerung der Energieeffizienz bestehen. Einsparpotentiale bedingt dadurch, dass Elektromotoren aufgrund ihrer Bauweise und den technischen Gegebenheiten grundsätzlich Energieverluste aufweisen. Die energetischen Verluste von Elektromotoren werden deswegen nochmal explizit in Kapitel 3.3 „Wirkungsgrad von Elektromotoren" erläutert.

Zusammenfassend stellt sich heraus, dass in der Fördertechnologie grundsätzlich zwischen dem Stetigförderer und Unstetigförderer unterschieden wird. Welcher Förderer für welchen Zweck zum Einsatz kommt, hängt dabei immer von der zu bewältigten Aufgabe und dem zu transportierenden Gut ab. Elektromotoren weisen aufgrund ihrer technischen Beschaffenheit immer energetische Verluste auf. Weil sie in großer Bandbreite in der industriellen Produktion eingesetzt

---

[4] Vgl. (Thomas, 2013)
[5] Vgl. (Deutsche Energie-Agentur GmbH, 2010, S. 4 ff.)

werden, verbirgt sich in diesem Bereich ein hohes Effizienzpotential, welches es auszuschöpfen gilt. Welche verschiedenen Motorenarten grundsätzlich in der Fördertechnologie zum Einsatz kommen können, und in wieweit man den energetischen Verlusten bei Elektromotoren entgegen wirken kann wird in den Kapiteln 3.2 und 3.3 erläutert.

## 3.2 Motorenarten

Unterschiedliche Motorenarten kommen in der industriellen Fördertechnik zum Einsatz. Die folgende Abbildung fasst kurz zusammen, um welche Motoren es sich grundsätzlich handelt.

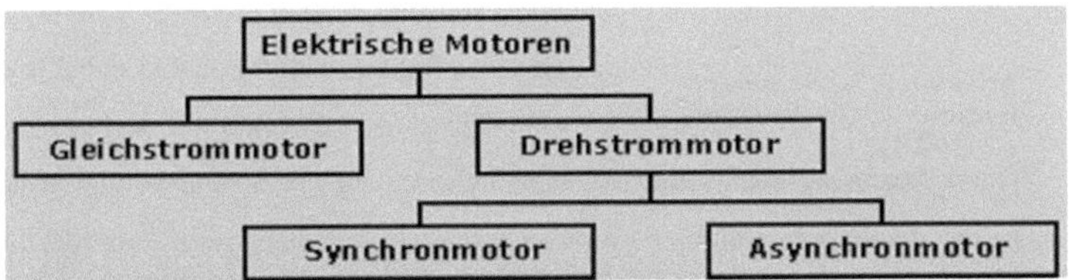


Abbildung 2: Übersicht Elektromotoren; Quelle: www.schrittmotoren.de

Bei den elektrischen Motoren wird grundsätzlich zwischen Gleichstrom- und Drehstrommotor differenziert.

In der Vergangenheit wurden klassische Regelantriebe mit Gleichstrommotoren ausgerüstet. Der Vorteil lag in der dynamischen Leistungsentfaltung dieser Motoren und der einfachen Regelung der Drehzahl. Der größte Nachteil bei Betrieb dieser Motoren lag meist in der fehlenden Gleichspannungsversorgung in den Industriebetrieben.[6] Zum Betrieb eines solchen Motors wurde ein Gleichstromrichter benötigt, dessen Zwischenschaltung zwischen Spannungsversorgung und Motor den Gesamtwirkungsgrad des Motors herabsetzte. Neben dem schlechten Gesamtwirkungsgrad kamen intensive Wartungs- und Instandhaltungskosten bei Betrieb eines Gleichstrommotors negativ hinzu.[7] Bei Gleichstrommotoren wird das Drehmoment im Läufer durch ein über die Läuferwicklungen erzeugtes Magnetfeld erzeugt. Für die Übertragung der erzeugten Spannung aus den Läuferwicklungen auf die Rotorwicklungen sind Schleifkontakte und Bürsten nötig, welche wartungsanfällig und verschleißbehaftet sind.

---

[6] Vgl. (Volz D.-I. G., Ratgeber „Elektrische Motoren in Industrie und Gewerbe: Motorenarten.", 2010, S. 5)
[7] Vgl. (Volz D.-I. G., Deutsche Energie-Agentur GmbH; Infoblätter Fördertechnik: Elektrische Motoren und Antriebssysteme, 2014, S. 5)

Drehstrommotoren sind derzeit in der Industrie allgemein und insbesondere in der Fördertechnologie am weitesten verbreitet. Sie überzeugen durch Robustheit und relativ geringer Wartungsanfälligkeit. Drehstrommotoren werden zwischen Synchron- und Asynchronmotoren differenziert.

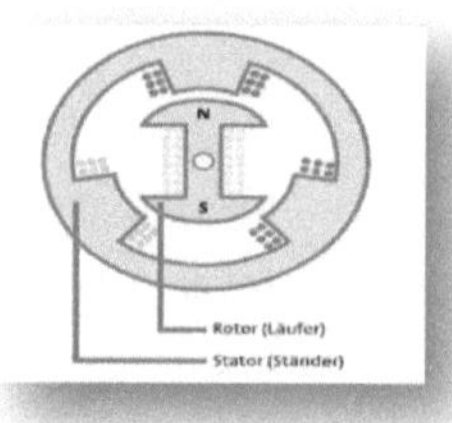


Abbildung 3: Synchronmotor; Quelle:www.volz-planung.de

**Synchronmotoren** bestehen aus einem drehbar gelagerten Permanentmagneten, dem sogenannten Läufer. Dieser Läufer, auch Rotor genannt, welcher mit Kupferwicklungen überzogen ist, befindet sich dabei in einer Art Käfig, der ebenfalls von drei Kupferwicklungen durchzogen ist. Die drei Kupferwicklungen sind dabei jeweils an eine Phase des Stromnetzes angeschlossen. Durch Spannungsbeaufschlagung wird im Stator ein Magnetfeld erzeugt, welches beim Drehstrom durch einen phasenverschobenen und sinusförmigen Spannungsverlauf gekennzeichnet ist. Das Magnetfeld dreht den Permanentmagneten entsprechend der Netzfrequenz. Synchronmotoren können allerdings nur Leistung bringen, wenn sich der Permanentmagnet entsprechend der Netzfrequenz dreht. Wird der Motor beispielsweise stark belastet, kann sich die Synchronisierung zwischen Rotor und Stator aufheben und der Motor bringt keine Leistung mehr, d.h. er erzeugt kein Drehmoment mehr.[8]

Der **Asynchronmotor** besteht, wie der Synchronmotor, aus einem Rotor und

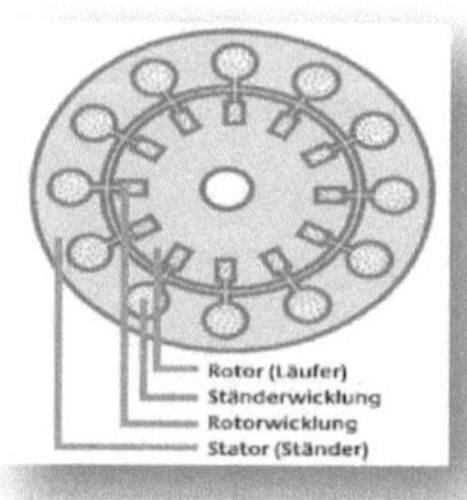


Abbildung 4: Asynchronmotor; Quelle: www.volz-planung.de

einem Stator. Im Gegensatz zum Synchronmotor sind die Läuferwicklungen kurzgeschlossen. Auch bei diesem Motor wird bei Spannungsbeaufschlagung ein Spannungsfeld erzeugt, welches den Rotor in Bewegung setzt. Der wesentliche Unterschied zwischen den beiden Bauweisen liegt in der Rotationgeschwindigkeit der Rotoren. Beim Synchronmotor dreht sich der Rotor entsprechend der Netzfrequenz, beim Asynchronmotor läuft der Rotor der Netzfrequenz nach. *„Die Bezeichnung*

---


[8] Vgl. (Volz D.-I. G., Deutsche Energie-Agentur GmbH; Infoblätter Fördertechnik: Elektrische Motoren und Antriebssysteme, 2014, S. 3)

*Asynchronmotor rührt daher, dass sich der Rotor nicht synchron mit dem Statormagnetfeld dreht, sondern etwas langsamer läuft. Man spricht von einem Schlupf.*"[9] Dieses Nachlaufen ist konstruktionsbedingt und entsteht durch die berührungslose Induktion eines Magnetfeldes zwischen Stator und Rotor.[10]

Zusammenfassend kann gesagt werden, dass die Motorenarten grundsätzlich zwischen Drehstrom- und Gleichstrom unterscheiden werden. Man konnte zudem feststellen, dass Gleichstrommotoren bauartbedingt wartungsintensiver als Drehstrommotoren sind und eine geringere Robustheit aufweisen. In der Vergangenheit wurden häufig Gleichstrommotoren für Fördereinsätze genutzt. Diese überzeugten durch ihre Dynamik, wiesen allerdings einen geringen Wirkungsgrad auf und wurden letztlich mehr und mehr durch den Drehstrommotor ersetzt. Drehstrommotoren werden differenziert in Asynchron- und Synchronmotoren. Die Unterscheidung hierbei resultiert einzig auf den unterschiedlichen Konstruktionen und Fahrweisen.

## 3.3 Wirkungsgrad von Elektromotoren

Der Wirkungsgrad von Elektromotoren beschreibt das Verhältnis zwischen mechanischer Ausgangsleistung zu elektrischer Eingangsleitung. Zwischen Ein- und Ausgangsleistung bestehen Leistungsverluste, die auf Eisen-, Kupfer-, Statorwicklungs- oder Rotorverluste zurückzuführen sind. Neben diesen Verlustarten kommen noch Reibungs- und Lüfterverluste hinzu, sowie lastabhängige Zusatzverluste.[11] Das Sankey-Diagramm verdeutlicht, welche Verlustarten bei Elektromotoren vorhanden sind. *„Etwa 70 Prozent des Stromverbrauchs in der Industrie entfallen auf Elektromotoren.*"[12] Aufgrund dieser hohen Verbrauchsstruktur und mit Blick auf die Erfordernisse des Umweltschutzes ist es notwendig, die Effizienz der Elektromotoren zu steigern. *„Die Energieeffizienz elektrisch*

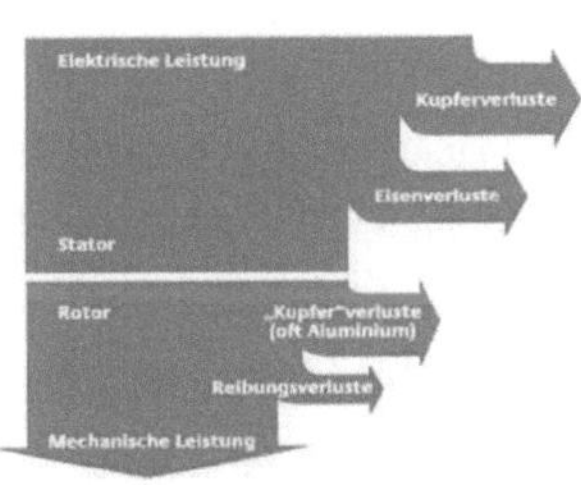


Abbildung 5: Energieverluste von Motoren; Quelle: dena.de

---

[9] (Volz D.-I. G., Deutsche Energie-Agentur GmbH; Infoblätter Fördertechnik: Elektrische Motoren und Antriebssysteme, 2014, S. 4)
[10] Ebd.
[11] Vgl. (Volz D.-I. G., IHK München und Oberbayern, 2013, S. 9)
[12] (Dr. Gerold Hensler, 2009, S. 14)

*angetriebener Systeme kann auf wirtschaftlichem Weg um 20 bis 30 Prozent verbessert werden. Damit kann die Nutzung energieeffizienter Motoren zu einem wichtigen Faktor bei der Verminderung des industriellen Stromverbrauchs werden"*[13] Um von dem Potential vorhandener Energieeffizienzen zu profitieren, bedarf es teilweise dem Austausch vorhandener Antriebsmaschinen in den Produktionsstätten durch modernere Varianten. Bei diesen Beschaffungs- oder Modernisierungsmaßnahmen sollte jedoch immer Priorität darauf gelegt werden, dass die zu tauschenden Antriebsmaschinen einem hohen Auslastungsgrad unterliegen. Grundsätzlich ist zwar der erzielbare Wirkungsgrad bei Motoren mit steigender Leistungsgröße höher, allerdings rechnet sich auch der Tausch kleiner Motoren, da diese meist in den Unternehmen in großer Stückzahl vorhanden sind.[14] *„Energieeffiziente Motoren können die Energieverluste um ca.40 Prozent gegenüber konventionellen Typen verringern."*[15] Die Begründung dafür liegt in der Veränderung der Konstruktion und in der Nutzung anderer Materialien bei neueren Elektromotoren. Hier wird ein Effizienzgewinn ohne eine Steigerung des Materialanteils vollzogen. Insbesondere wird bei neueren Motoren häufig Kupfer statt Aluminium in den Rotoren verwendet.[16] Auch die Nutzung von dickeren Leitungen im Elektromotorenbau hat sich als eine effektive Lösung zur Effizienzsteigerung erwiesen. Grundsätzlich führt eine Minderung des elektrischen Widerstands der Motoren zu einer effektiven Leistungssteigerung und damit zu einer Verbesserung der Energieeffizienz.[17] Des Weiteren sollte bei Beschaffungs- oder Modernisierungsmaßnahmen darauf geachtet werden, dass nur Motoren mit effektiven Effizienzklassen zum Einsatz kommen. Die Erläuterung zu den einzelnen Effizienzklassen findet im Kapitel 4.1 „Gesetzliche Vorgaben und Kennzeichnungen" statt. Neben dem Einsatz energieeffizienter Elektromotoren spielen noch weitere Komponenten eine wichtige Rolle bei der Gesamtwirkungsgrad- und Effizienzsteigerung von Fördertechnologien. Aus diesem Grund werden im folgenden Kapitel 3.4 die technischen Bauteile und Komponenten, die für eine Effizienzsteigerung von Antriebs- bzw. Fördertechnologien verantwortlich sind, näher erläutert.

---

[13] (Volz D. I., Deutsche Energie-Agentur GmbH (dena) - Ratgeber: Elektrische Motoren in Industrie und Gewerbe: Energieeffizienz und Ökodesign-Richtlinie, 2010, S. 3)
[14] Vgl. (Deutsche Energie-Agentur GmbH, 2010, S. 38)
[15] Ebd.
[16] Vgl. (Dr. Patrick Plötz, 2011, S. 5)
[17] Ebd.

Insgesamt stellt sich heraus, dass der Wirkungsgrad von Elektromotoren durch Material-, Reibungs- und Lüfterverluste sowie lastabhängigen Zusatzverlusten reduziert wird. Neuere Elektromotoren können durch ihre veränderte Konstruktion sowie ihrer anderen Materialbeschaffenheit dieser Minderung entgegenwirken. Ein maximierter Einspareffekt ist nur durch eine sinnvolle Kombination von neuen Elektromotoren und weiteren Bauteilen sowie technischen Komponenten möglich. Neueste Motoren mit einer verbesserten Qualität, einhergehend mit einer effektiven Steuerung sind der Schlüssel zu einem energieeffizienten, sparsamen und ökologischen Betrieb von Förderanlagen in Gewerbe und Industrie.[18]

## 3.4 Technische Bauteile und Komponenten

### 3.4.1 Drehzahlregelung

Jegliche Förderprozesse unterscheiden sich grundsätzlich zwischen kontinuierlichen Förderprozessen und Förderprozessen mit dynamischen Belastungen bzw. Bewegungen, wie Beschleunigen, Drehen, Bremsen, Senken oder Heben. Des Weiteren müssen bei Förderaufgaben die Mengen an Stoffen oder Schüttgut häufig variiert werden. Die Realisierung dieser Anforderungen wird meist noch mit konventionellen Stellmethoden realisiert, was zu hohen Energieverlusten führen kann. Um den energetisch, systemischen Anforderungen gerecht zu werden, bedarf es somit der Möglichkeit einer Drehzahlregelung bei den Antriebsmotoren.[19] *„Drehzahlregelungen können bei bestimmten fördertechnischen Anwendungen im Vergleich zu Antrieben mit konstanter Drehzahl bis zu 50 Prozent Energie sparen.“*[20] Bei Asynchronmotoren z.B. kann die Drehzahl durch die Veränderung der Parameter Polpaarzahl, Frequenz und Schlupf geändert werden.[21] Eine Drehzahländerung bei Synchronmotoren kann im Gegensatz zu den Asynchronmotoren nur mit Hilfe eines Frequenzumrichters umgesetzt werden. Gleichstrommotoren hingegen lassen sich in ihrer Drehzahl kaum ohne großen technischen Aufwand regulieren. Bei Gleichstrommotoren

---

[18] Vgl. (Deutsche Energie-Agentur GmbH, 2010, S. 38)
[19] Vgl. (Volz D.-I. G., Deutsche Energie-Agentur GmbH; Infoblätter Fördertechnik: Elektrische Motoren und Antriebssysteme, 2014, S. 2)
[20] (Deutsche Energie-Agentur GmbH (dena), 2014)
[21] Vgl. (Volz D.-I. G., Deutsche Energie-Agentur GmbH; Infoblätter Fördertechnik: Elektrische Motoren und Antriebssysteme, 2014, S. 4)

kann die Drehzahl nur mit sogenannten Thyristorstromrichtern vollzogen werden.[22] Hauptsächlich werden heutzutage Frequenzumrichter in Kombination mit Synchronmotoren für bewusste Drehzahländerungen und -variationen in Förderprozessen genutzt. Gründe hierfür sind das bessere Preis-Leistungsverhältnis sowie die schnelle technische Entwicklung der Leistungs- und Mikroelektronik für Frequenzumrichter.[23] Die möglichen Funktionen eines Frequenzumrichters und die Vor- und Nachteile werden im nächsten Kapitel erläutert. Grundsätzlich stellt sich allerdings heraus, dass insbesondere bei dynamischen Förderprozessen durch eine sinnvolle Drehzahlregelung Energie eingespart, der mechanische Verschleiß reduziert, sowie der Geräuschpegel gemindert werden kann.[24]

Zusammenfassend kann gesagt werden, dass Elektromotoren in der modernen industriellen Förderung heutzutage häufig mit Frequenzumrichtern gesteuert werden, damit sie im laufenden Förderprozess den volatilen Förderungsmengen leistungs- und drehzahltechnisch entsprechend angepasst werden können. Insbesondere der Frequenzumrichter eröffnet bei dynamischen Förderprozessen Chancen, einen effizienten, verbrauchs- und lärmreduzierten Förderbetrieb zu ermöglichen.

## 3.4.2 Frequenzumrichter

Über die Effektivität und Effizienz einer Antriebs- bzw. Fördereinheit entscheidet nicht nur der Motor. Neben diesem tragen die Steuerungs- und Kommunikationseinheiten einen wesentlichen Teil bei, einen Förderprozess effektiv und effizient zu steuern. Somit empfiehlt sich insbesondere für dynamische Förderprozesse, in denen Arbeitsprozesse unterschiedlichen Anforderungen unterliegen, der Einsatz von Frequenzumrichtern. *„Frequenzumrichter steigern die Leistungsausbeute bei dynamischen Anwendungen.*"[25] Technisch betrachtet sind Frequenzumrichter in der Lage, die Versorgungspannung von Motoren in den Parametern Frequenz, Höhe der

---

[22] Vgl. (Deutsche Energie-Agentur GmbH, 2010, S. 10)
[23] Vgl. (Volz D.-I. G., Deutsche Energie-Agentur GmbH; Infoblätter Fördertechnik: Elektrische Motoren und Antriebssysteme, 2014, S. 3)
[24] Vgl. (Roswandowicz, 2014)
[25] (Dipl.-Ing. Holger Roswandowicz)

Spannung und der Phasenzahl in weiten Bereichen zu beeinflussen.[26] Mit Hilfe der Zwischenschaltung eines Frequenzumrichters zwischen Energienetz und Antriebsmotor kann man eine fast verlustfreie Drehzahl- sowie Drehmomentregelung erreichen. Neben der Steuerung der Drehzahlen von Antriebsmotoren, den damit verbundenen Energieeinsparungen und Verschleißminderungen, kann der Drehzahlbereich der Antriebsmaschinen sogar erweitert werden. Der Frequenzumrichter dient aber nicht nur zur Regulierung der Drehzahlen, er kann auch den Anlaufstrom von Maschinen begrenzen und das Anlaufdrehmoment erhöhen.[27] Somit hat der Frequenzumrichter nicht nur eine Steuerungsfunktion, sondern auch eine Schutzfunktion für die Antriebsmaschine. Dieses technische Bauteil ist somit in der Lage, Antriebseinheiten so zu steuern, dass sie auf Fördermengen flexibel und variabel reagieren können. Dies steigert die Gesamteffektivität des Systems. Neben der Steigerung des Gesamtwirkungsgrades kann außerdem bei einem zweiten antiparallel geschalteten Umrichter die von der Maschine erzeugte Bremsenergie wieder ins Netz zurückgespeist werden.[28] Frequenzumrichter sind allerdings recht teuer in der Anschaffung. Teilweise kosten sie das Fünffache von einfach ausgelegten Motorstartern. Es gilt jedoch zu erwähnen, dass Frequenzumrichter sehr geringe Eigenverluste aufweisen und meist einen Wirkungsgrad von über 95% erreichen. Die hohen Kosten für die Investitionen von Frequenzumrichtern amortisieren sich jedoch im Laufe der Zeit aufgrund ihrer hohen Energieeinsparungen.[29]

Zusammenfassend kann man feststellen, dass die Effektivität und Effizienz einer Antriebs- bzw. Fördereinheit entscheidet von der Steuerungseinheit abhängt. Moderne Antriebsmaschinen verfügen meist über Frequenzrichter, die in der Lage sind, Drehzahlbereiche, Drehmomente und Anlaufströme zu regulieren. Durch ein geregeltes Anlauf- und Dauerlaufverhalten von Antriebsmaschinen, können Energien eingespart, Lärmimmissionen gesenkt und die die Lebenszyklen der Antriebe verlängert werden. Trotz der hohen Kosten für die Frequenzumrichtertechnik ist eine schnelle Amortisierung absehbar, da durch die

---


[26] Vgl. (Deutsche Energie-Agentur GmbH, 2010, S. 10)
[27] Vgl. (Handwerksmeister Wolfgang Umlauf)
[28] Vgl. (Volz D.-I. G., IHK München und Oberbayern, 2013, S. 9)
[29] Vgl. (Deutsche Energie-Agentur GmbH, 2010, S. 10)

Nutzung des Frequenzumrichters Kostenminderungspotentiale ausgeschöpft werden können.

### 3.4.3 Getriebe

Getriebe wirken als Verstärker zur Leistung eines Elektromotors und liefern durch ihre differenzierten Bauweisen unterschiedlich gewünschte Drehmomente.[30] Im Bereich der Getriebe wird zwischen Zugmittel- und Zahnradgetrieben unterschieden. Zugmittelgetriebe werden in Flach,- Keil- und Zahnriemen sowie Kettengetrieben unterteilt. Sie eignen sich am besten für einen Drehzahlbereich von 700 – 3.000 Umdrehungen und sind kostengünstig in der Anschaffung. Der Drehzahlbereich wird dabei vom Motor fest vorgegeben. Zugmittelgetriebe weisen einen hohen Wirkungsgrad von 92– 98% auf.[31] Gegen diese Form der Kraftübertragung sprechen jedoch die Empfindlichkeit gegen Schmutz und Feuchtigkeit, die Pflicht, einen Berührungsschutz zu installieren, die hohen Geräuschemissionen und der besondere Wartungsaufwand.[32] *„Der nominelle Wirkungsgrad von Zugmittel-Getrieben reicht an die Werte von Zahnrad-Getrieben heran. Er ist unter dem Gesichtspunkt der Energieeinsparung vor allem bei Mehrfach-Untersetzungen interessant."[33]* Die interessantere Alternative sind letztlich die Zahnradgetriebe. Zahnradgetriebe werden differenziert in Stirn- und Kegelrad, dem Planetengetriebe und dem Schneckengetriebe. Ihre Wirkungsgrade liegen bei 98%, somit sind sie effektiver als die Zugmittelgetriebe. Einzig die Schneckengetriebe weisen aufgrund ihrer Bauweise einen geringeren Wirkungsgrad von 50-96% aus. Allerdings werden sie aufgrund ihrer Bauweise häufig eingesetzt, wenn sich die Antriebsachsen anlagen- bzw. bauartenbedingt kreuzen.[34] Diese geschlossenen Getriebe sprechen durch eine geringere Anfälligkeit gegen Verschmutzung und Feuchtigkeit, einer geringeren Emissionsentwicklung, dem geringeren Wartungsaufwand und dem besseren Berührungsschutz für sich.[35] Letzten Endes bringt neben der Verwendung eines energieeffizienten Motors, einer Drehzahlregulierung mit Hilfe eines Frequenzumrichters auch die Nutzung des richtig dimensionierten

---

[30] Vgl. (Volz D.-I. G., Deutsche Energie-Agentur GmbH; Infoblätter Fördertechnik: Elektrische Motoren und Antriebssysteme, 2014, S. 8)
[31] Vgl. (Deutsche Energie-Agentur GmbH, 2010, S. 24)
[32] Vgl. (Roswandowicz, 2014)
[33] Vgl. (Deutsche Energie-Agentur GmbH, 2010, S. 24)
[34] Vgl. (Dipl.-Ing. Holger Roswandowicz)
[35] Vgl. (Deutsche Energie-Agentur GmbH, 2010, S. 24)

Getriebes eine enorme Effizienzsteigerung. *„Würde bei bestimmten Förderaufgaben ein Frequenzumrichter anstelle eines Getriebes zur Drehzahlreduzierung eingesetzt, wäre ein deutlich größerer Motor notwendig. Dies ist wirtschaftlich wenig sinnvoll."*[36] In der Fördertechnologie kommt es somit auf ein perfektes Zusammenspiel aller Komponenten an, um einen möglichst ökonomischen, ökologischen und nachhaltigen Erfolg zu erzielen.

Zusammenfassend kann man feststellen, dass auch die Getriebe für eine Effizienzsteigerung der Antriebseinheit einen hohen Beitrag leisten. Bei den Getrieben wird zwischen Zugmittel- und Zahnradgetrieben unterschieden. Zahnradgetriebe sind teurer als Zugmittelgetriebe, weisen allerdings einige Vorteile gegenüber den Zugmittelgetrieben aus. Letztlich wird bei allen Getrieben ein Wirkungsgrad von 96-98% erreicht. Einzig das Schneckengetriebe weist geringere Wirkungsgrade auf, ist allerdings in bestimmten Anlagenbauweisen unverzichtbar. Letzten Endes kommt es auf eine richtige Dimensionierung der Motoren, der Steuereinheiten und des Getriebes an, um Effizienzpotentiale auszuschöpfen und einen wirtschaftlichen Betrieb der Fördereinheiten sicherstellen zu können. Welchen Rahmenbedingungen ein effizienter Förderbetrieb sonst noch unterliegt, welche Restriktionen seitens der Industrie und der Politik geschaffen wurden und wie dabei der Nachhaltigkeitsgedanke involviert wird, wird im folgenden Kapitel vier erläutert.

## 4. Energieeffizienzsteigerung in der Fördertechnik sowie bei Motoren und Antrieben in der Industrie

### 4.1 Gesetzliche Vorgaben und Kennzeichnungen

Zur Schaffung einer globalen Klassifizierung und zur Erreichung einer Harmonisierung der Elektromotoren, wurde die IEC-Norm 60034 geschaffen. Die IEC-Norm 60034 löste das in Europa bisherige genutzte Voluntary Agreement of CEMEP ab. *„Eine der frühen internationalen Klassifikationen energieeffizienter Elektromotoren [..] geht auf eine Selbstverpflichtung des Industrieverbandes CEMEP zurück. Die freiwillige Erklärung wurde 1999 eingeführt und hat zu einem deutlich steigenden Marktanteil energieeffizienter*

---

[36] (Volz D.-I. G., Deutsche Energie-Agentur GmbH; Infoblätter Fördertechnik: Elektrische Motoren und Antriebssysteme, 2014, S. 8)

*Motoren geführt.*"[37] Die CEMEP-Klassifizierung durfte nur noch bis zum 15.06.2011 genutzt werden, da ab diesem Zeitpunkt die Lizenzrechte für diese Logos erloschen.[38] Im Rahmen der IEC-Norm 60034-30 werden nun Elektromotoren mit einem Leistungsspektrum von 0,75kW bis 375kW aufgenommen. Die alte CEMEP-Norm umfasste hingegen nur ein Leistungsspektrum von 1kW bis 110kW. Die folgende Tabelle zeigt den Vergleich der alten CEMEP-Norm mit der aktuellen IEC 60034-30 Norm:

| Code IEC 60034-30 | Wirkungsgradklassen | bisheriger EFF-Code, Voluntary Agreement of CEMEP |
|---|---|---|
| IE4 *) | Super-Premium | |
| IE3 | Premium | – |
| IE2 | High | EFF1 |
| IE1 | Standard | EFF2 |
| ohne | Below Standard Efficiency | EFF3 |

Abbildung 6: Wirkungsgradklassifizierung von E-Motoren; Quelle: www.vem-group.com

Für den Verkauf neuer Elektromotoren gelten seit 2009 folgende Restriktionen: Es dürfen nur noch hocheffiziente Elektromotoren verkauft werden, die seit dem 16.06.2011 mindestens die IE2-Norm erfüllen und einen Leistungsbereich von 0,75 – 375kW abdecken. Ab dem 01.01.2015 gilt des Weiteren die IE3-Norm für Motoren von 7,5kW – 375kW, wahlweise auch in IE2-Norm, allerdings nur in Kombination mit einem Frequenzumrichter. In 2017 erfolgt eine Verschärfung der Regelung. Hier gelten zwar dieselben Restriktionen wie aus dem Jahr 2015, allerdings werden hier alle Motoren mit einem Leistungsspektrum von mindestens 0,75kW einbezogen.[39] Diese politisch gegebenen Anforderungen an die Gestaltung der energieverbrauchenden Produkte beinhalteten letztlich mittel- und langfristig steigende Anforderungen an die Steigerung der Effizienz von Elektromotoren. Die Ökodesign-Richtlinie und Energieverbrauchs-kennzeichnungspflicht bieten somit Chancen für die deutsche Wirtschaft, da insbesondere Deutschland in der technologischen Entwicklung von Elektromotoren eine führende Rolle hat.[40] Bedingt durch das hohe Einsparpotential hat die Modernisierung der Motoren im Anlagenbestand im

---

[37] (Dr. Patrick Plötz, 2011, S. 31)
[38] Vgl. (VEM motors GmbH, 2011)
[39] Vgl. (Dr. Patrick Plötz, 2011, S. 7)
[40] Ebd., S.17f.

Gewerbe und der Industrie einen hohen Stellenwert. Hocheffizienzmotoren haben allerdings den Nachteil, dass sie in der Anschaffung recht teuer sind.[41] Aus diesem Grund sollten hauptsächlich Motoren getauscht werden, die einer relativ hohen Auslastung unterliegen. Dies gilt auch für kleinere Motoren, insbesondere bei Vorhandensein großer Stückzahlen. Um beim Tausch gegen Hocheffizienzmotoren eine tragbare Wirtschaftlichkeit zu erreichen, sollte man sich an den Laufzeiten der Motoren orientieren. Hierbei gilt, dass Hocheffizienzmotoren der Klasse eff-2 bei einer Laufzeit von 2.000 Stunden und Motoren der Klasse eff-1 bei einer Laufzeit von 4.000 Stunden, gegen effizienzschwächere Motoren getauscht werden sollten.[42]

Zusammenfassend kann man feststellen, dass ein wirtschaftlicher Wechsel der Antriebseinheiten immer nur unter Betrachtung der angestrebten Laufzeiten sinnvoll ist. Ein Austausch ermöglicht allerdings hohe Einsparpotentiale und Verbesserungen im Umweltschutz. Die Nutzung energieeffizienter Motoren ist letztlich ein wichtiger Faktor bei der Verminderung des industriellen Stromverbrauchs. Zur Schaffung einer globalen Klassifizierung von Elektromotoren wurde die IEC-Norm 60034 geschaffen. Die IEC-Norm 60034 löste das in Europa bisherige genutzte Voluntary Agreement of CEMEP ab. Die Rahmenbedingungen für den Verkauf von Elektromotoren werden zudem in den kommenden Jahren nach und nach verschärft, um den Vertrieb und den Einsatz von hocheffizienten Motoren zu gewährleisten. Eine Erläuterung zum derzeitigen Nutzungsgrad hocheffizienter Elektromotoren findet sich in Kapitel 4.2 wieder.

## 4.2 Ist-Zustand

Der Anteil an Elektromotoren der IE-Klasse in der Fördertechnologie in Gewerbe und Industrie liegt in Deutschland und Europa derzeit noch unter einem Prozent. In den USA hingegen gelten bereits seit mehreren Jahren die IE-Effizienzstandards für Elektromotoren. In den USA und Kanada wurden bereits 1997 diese verbindlichen Mindestanforderungen für eingesetzte Elektromotoren geschaffen. Dies führte letztlich dazu, dass Hocheffizienzmotoren der Klasse IE2 dort bereits einen Marktanteil von 54% und die der Klasse IE3 einen Anteil von

---

[41] Ebd., S. 14
[42] Vgl. (Dipl.-Ing. Holger Roswandowicz)

16% in den USA erreichen konnten.[43] Mit Hinblick auf den Nachhaltigkeitsaspekt und Umweltschutz sollte noch erwähnt werden, dass sich alleine in Deutschland durch den Einsatz von Hocheffizienzmotoren bis 2020 voraussichtlich 27 Milliarden Kilowatt Strom und 16 Millionen Tonnen $CO_2$-Emissionen einsparen ließen würden.[44] Die BRD, sowie gesamt Europa, hat somit einen hohen Nachholbedarf in der Umrüstung auf Hocheffizienzmotoren. *„Im Gegensatz zu den USA sind hocheffiziente Elektromotoren (IE3) in Europa bisher kaum verbreitet. Allerdings haben IE2-Motoren in den letzten Jahren langsam an Marktanteilen gewonnen und sollten jetzt sehr schnell große Marktanteile gewinnen."*[45] Die Begründung hierfür fand sich bereits im Kapitel 4.1 in der Standardisierung der IEC-Norm 60034 wieder, welche vorgibt, dass seit dem 16. Juni 2011 EU-weit nur noch IE2-Motoren verkauft werden dürfen. In Bezug auf die ambitionierten Klimaschutzziele der BRD aus dem Jahr 2011, in denen festgelegt wurde, dass die Treibhausgase bis 2020 um 40%, bis 2030 um 55% und bis zu 95% in 2050 in Bezug auf das Basisjahr 1990 gesenkt werden sollen, eröffnen sich insbesondere im Bereich des Elektromotorenbaues technologische und ökonomische Chancen für die Wettbewerbsfähigkeit Deutschlands zum einen als Wirtschaftsstandort sowie als Exportnation.[46] Hier sollten und werden in den kommenden Jahren die technischen und wirtschaftlichen Möglichkeiten genutzt werden, insbesondere unter Beachtung der möglichen Wertschöpfung, sowie der Erreichung eines Know-How-Vorteils. Insbesondere wenn man bedenkt, dass alleine in den letzten Jahren durch den weltweiten Handel mit hocheffizienten Elektromotoren aller Klassen und Arten ein Umsatz von 35 Mrd. US$ erwirtschaftet wurde.[47]

Zusammenfassend konnte man festhalten, dass der Anteil an Elektromotoren der IE-Klasse in der Fördertechnologie in Gewerbe und Industrie in Deutschland und Europa derzeit noch unter einem Prozent liegt. In den USA hingegen gelten bereits seit mehreren Jahren die IE-Effizienzstandards für Elektromotoren was zu einen hohen Marktanteil von Motoren der IE2 und IE3Klasse führte. Die BRD, sowie Gesamteuropa, haben noch einen Nachholbedarf in der Umrüstung auf

---

[43] Vgl. (Volz D. I., Deutsche Energie-Agentur GmbH (dena) - Ratgeber "Elektrische Motoren in Industrie und Gewerbe:Energieeffizienz und Ökodesign-Richtlinie.", 2010, S. 3)
[44] (Umweltbundesamt, 2009)
[45] (Dr. Patrick Plötz, 2011, S. 12)
[46] Vgl. (Dr. Patrick Plötz, 2011, S. 29)
[47] Vgl. Ebd., S.11

Hocheffizienzmotoren, allerdings haben diese Motoren in den letzten Jahren langsam an Marktanteilen gewonnen und sollten jetzt, aufgrund der 2011 eingeführten und verbindlichen IEC-Norm 60034, sehr schnell große Marktanteile gewinnen. Insbesondere die BRD hat aufgrund ihres technologischen Wissens im Bereich des Elektromotorenbaues wirtschaftliche und somit wertschöpfende Vorteile zu erwarten, da weltweit weiterhin ein sehr hoher Umsatz im Verkauf der Hocheffizienzmotoren prognostiziert ist.

## 4.3 Energieeffizienz und Lebenszykluskosten

Wie bereits aus den vorherigen Kapiteln ersichtlich wurde, ist eine Gesamtwirkungsgradmaximierung nur möglich, wenn ein optimales Zusammenspiel von hocheffizienten Elektromotoren, steuerungstechnischen Komponenten wie Frequenzumrichtern und dem richtig dimensionierten Getriebe gegeben ist. Die Dimensionierung der einzelnen Komponenten orientiert sich dabei immer an der Förderaufgabe und den gegebene Einsatzbedingungen. Bei einer gelungenen Gesamtbetrachtung und Optimierung einer Antriebseinheit sind wirtschaftliche Stromeinsparpotentiale von 20% und mehr möglich.[48] Insbesondere bei Neubeschaffungen und Modernisierungsplanungen sollte Wert darauf gelegt werden, dass möglichst hocheffiziente Antriebsmotoren zum Einsatz kommen. Beim Tausch einzelner veralteter Antriebseinheiten können teilweise die Energieverluste um ca. 40% gemindert werden.[49] Des Weiteren ist bei neueren, effizienteren Antriebseinheiten sogar, aufgrund der verbesserten Qualität der Maschinen, mit einer erhöhten Lebensdauer zu rechnen. Hierbei wird ersichtlich, dass ein Tausch der Antriebe nicht nur die Energieeffizienz verbessert, es werden auch die Lebenszykluskosten gesenkt.[50] Lebensdauerzykluskosten sind solche Kosten, die die Förderanlagen im Laufe ihrer Nutzungszeit verursachen. Die zu erwartende Lebenszeit hängt dabei von der Größe der Maschine ab. Aus der betrieblichen Praxis kann behauptet werden, dass Motoren mit kleinen Leistungen <7,5kW eine Lebensdauer von 12 Jahren, Motoren mit einer Leistung von 7,5kW - 75kW eine Lebensdauer von 16 Jahren und Motoren mit einer Nennleistung >75kW eine Lebensdauer von 20 Jahren

---

[48] Vgl. (Volz D. I., Deutsche Energie-Agentur GmbH (dena) - Ratgeber "Elektrische Motoren in Industrie und Gewerbe:Energieeffizienz und Ökodesign-Richtlinie.", 2010, S. 7)
[49] Vgl. (Deutsche Energie-Agentur GmbH, 2010, S. 38)
[50] Ebd., S.38

vorweisen können.[51] Es ist somit ersichtlich, dass insbesondere im Hinblick auf die zu erwartende Laufzeit schon während des Planungsprozess ein Bestreben hergestellt werden muss, effiziente und energiesparende Antriebsmaschinen einzusetzen. Weniger effiziente Motoren mit veralteter Technik sind beim Kauf zwar kostengünstiger, allerdings werden die eventuellen Folgekosten für solche Antriebe die höheren Beschaffungskosten für effiziente Maschinen übersteigen. Gerade im Hinblick auf die Qualität moderner Antriebsmotoren sollte ein wesentlicher Punkt auf die Qualität der im Motor verbauten Materialien gelegt werden. Wie bereits in Kapitel 3.3 ersichtlich wurde, bringen konstruktionsbedingte Änderungen bei modernen Antriebsmaschinen Effizienzgewinne, ohne dass dabei eine Steigerung des Materialanteils vollzogen wird. *„Ein anderer wesentlicher Punkt ist die Qualität der ausgewählten Werkstoffe. Geringe Rauigkeiten, korrosionsbeständiges und verschleißarmes Material sowie hochwertige Komponenten, die bei den anderen Kostenblöcken zu deutlichen Reduzierungen führen, müssen bei den Investitionen durch einen in der Regel höheren Einkaufspreis berücksichtigt werden."*[52] Neben den Beschaffungskosten ist auch auf die Zuverlässigkeit der Maschinen zu achten. Neuere Motoren sind prinzipiell zuverlässiger, verbrauchen weniger Energie und reduzieren unnötige Stillstände und damit verbundene Förderausfälle.

Zusammenfassend kann festgehalten werden, dass bei Neubeschaffungen und Modernisierungsplanungen Wert darauf gelegt werden sollte, dass möglichst hocheffiziente Antriebsmotoren zum Einsatz kommen. Weniger effiziente Motoren mit veralteter Technik sind beim Kauf zwar kostengünstiger, allerdings werden die eventuellen Folgekosten für solche Antriebe die höheren Beschaffungskosten für effiziente Maschinen übersteigen. Beim Tausch einzelner veralteter Antriebseinheiten können zudem die Energieverluste um etwa 40% gesenkt werden. Des Weiteren kann man bei modernen und effizienten Antriebseinheiten, aufgrund der verbesserten Qualität der Maschinen, mit einer längeren Lebensdauer rechnen. Letzten Endes senken moderne Technik und die verbesserten Materialien der Maschinen die gesamten Lebenszykluskosten, vermindern Stillstände und senken damit die Energiekosten des Förderbetriebes.

---

[51] Vgl. (Volz D. I., Deutsche Energie-Agentur GmbH (dena) - Ratgeber "Elektrische Motoren in Industrie und Gewerbe:Energieeffizienz und Ökodesign-Richtlinie.", 2010, S. 8)
[52] (Deutsche Energie-Agentur GmbH, 2010, S. 33)

## 5. Fazit

Zusammenfassend kann man sagen, dass Energieeffizienz durch eine zweckrationale Nutzenmaximierung beschrieben wird. Gründe für eine optimierte Energienutzung finden sich in Kostensteigerungen oder Verknappungen von Rohstoffen wieder, sowie in den gewünschten Nachhaltigkeitsaspekten jetziger Generationen. Eine Steigerung der Energieeffizienz führt dabei zu ökologischer Nachhaltigkeit und Kosteneinsparungen. Insbesondere im Sektor Industrie, Handel und Gewerbe stellte sich heraus, dass dort mehr als 40 % der erzeugten Energie verbraucht wird. Im Bereich der energieintensiven Fördersektoren wird deutlich, dass grundsätzlich zwischen zwei Förderarten unterschieden wird: Stetigförderer und Unstetigförderer. Die Förderantriebe werden dabei hauptsächlich von Elektromotoren betrieben, welche allerdings, aufgrund ihrer technischen Beschaffenheit, immer energetische Verluste aufweisen. Weil sie jedoch in einer großen Bandbreite in der industriellen Produktion eingesetzt werden, verbirgt sich in diesem Bereich ein hohes Effizienzpotential, das es auszuschöpfen gilt. Allen Motoren ist gleich, dass ihr Wirkungsgrad durch Material-, den Reibungs-, Lüfterverlusten und lastabhängigen Zusatzverlusten geschmälert wird. Durch Veränderungen der Konstruktion sowie der Nutzung anderer Materialien bei neueren Elektromotoren kann dieser Wirkungsgradminderung entgegengewirkt werden. In der industriellen Förderung werden heutzutage Elektromotoren meist in Verbindung mit Frequenzumrichtern betrieben. Frequenzrichter sind in der Lage, Drehzahlbereiche, Drehmomente und Anlaufströme der Motoren zu regulieren. Durch ein geregeltes Anlauf- und Dauerlaufverhalten von Antriebsmaschinen können Energien eingespart, Lärmimmissionen gesenkt und die Lebenszyklen der Antriebe verlängert werden. Trotz der hohen Kosten für die Frequenzumrichtertechnik ist eine schnelle Amortisierung absehbar, da durch die Nutzung eines Frequenzumrichters Kostenminderungspotentiale ausgeschöpft werden können. Frequenzumrichter eröffnen insbesondere bei dynamischen Förderprozessen Chancen, einen effizienten verbrauchs- und lärmreduzierten Förderbetrieb zu ermöglichen. Des Weiteren können auch Getriebe einen Beitrag zur Effizienzsteigerung leisten. Im Rahmen von Neubeschaffungen und Modernisierungsplanungen ist ein wirtschaftlich sinnvoller Wechsel der Antriebseinheiten immer unter Betrachtung der angestrebten Laufzeiten zu tätigen. Ein Austausch ermöglicht hohe Einsparpotentiale und Verbesserungen im Umweltschutz. Die Nutzung energieeffizienter Motoren ist letztlich ein wichtiger Faktor bei der Verminderung des industriellen Stromverbrauchs. Beim Tausch einzelner veralteter Antriebseinheiten können zudem die Energieverluste um etwa 40% gesenkt werden. Des Weiteren kann man bei modernen und effizienten Antriebseinheiten, aufgrund der verbesserten Qualität der Maschinen, mit einer längeren Lebensdauer rechnen.

In Bezug auf den Nachhaltigkeitsgedanken und dem effizienten Einsatz der eingesetzten Energien ist es nicht nur jetzt, sondern auch in Zukunft absolut von Nöten, auf die richtige Dimensionierung von hocheffizienten Motoren, den Steuereinheiten und den Getrieben zu achten, um mögliche Effizienzpotentiale in der Fördertechnologie auszuschöpfen, einen maximierten Energieeinspareffekt zu erreichen und einen wirtschaftlichen Betrieb von Fördereinheiten zu gewährleisten. Letzten Endes senken moderne Technik und die verbesserten Materialien der Maschinen die gesamten Lebenszykluskosten, mindern Stillstände und senken somit die Energiekosten des Förderbetriebes. Es ist somit wünschenswert, die bereits angestrebten Bemühungen hinsichtlich Energieeffizienz in der Politik, den Konzernen sowie der allgemeinen Gesellschaft weiter auszubauen, profitieren doch letztlich alle davon: die Wirtschaft, die Umwelt und insbesondere die nachfolgenden Generationen.

# Literaturverzeichnis


AG Energiebilanzen. (2013). *Umweltbundesamt - Energieverbrauch nach Energieträgern und Sektoren.* Dessau-Roßlau: Umweltbundesamt .

Bundesministerium für Umwelt, Naturschutz, Bau und Reaktorsicherheit. (2014). *Bundesministerium für Umwelt, Naturschutz, Bau und Reaktorsicherheit.* Abgerufen am 22. 07 2014 von http://www.bmub.bund.de/themen/klima-energie/energieeffizienz/kurzinfo/#c2947

Bundesministerium für Wirtschaft und Energie. (2014). *Bundesministerium für Wirtschaft und Energie.* Abgerufen am 22. 07 2014 von http://www.bmwi.de/DE/Themen/Energie/energieeffizienz-und-energiesparen.html

Deutsche Energie-Agentur GmbH. (2010). *Deutsche Energie-Agentur GmbH (dena) - Ratgeber „Fördertechnik für Industrie und Gewerbe".* Berlin: Deutsche Energie-Agentur GmbH (dena).

Deutsche Energie-Agentur GmbH (dena). (2014). *Initiative Energieeffizienz - Fördertechnik: effizient fördern - Planung, Auswahl und Bau.* Abgerufen am 24. 07 2014 von http://www.stromeffizienz.de/industrie-gewerbe/handlungsfelder/effiziente-technologien/foerdertechnik.html

Dipl.-Ing. Holger Roswandowicz. (kein Datum). *Energieeffizienzagentur; Hocheffizienzmotoren - Wirkschaftlichkeit von Energiesparmotoren.* Abgerufen am 24. 07 2014 von http://www.energieeffizienzagentur.eu/optimierungbestandsanlagen/hocheffizienzmotoren/index.html

Dr. Gerold Hensler, D. J. (2009). *Bayerisches Landesamt für Umwelt (LfU) - Leitfaden für effiziente Energienutzung in Industrie.* Augsburg: Bayerisches Landesamt für Umwelt (LfU).

Dr. Patrick Plötz, D. W. (10 2011). *Zukunftsmarkt Effiziente Elektromotoren - Fallstudie im Rahmen des Vorhabens „Wissenschaftliche Begleitforschung zu übergreifenden technischen, ökologischen, ökonomischen und strategischen Aspekten des nationalen Teils der Klimaschutzinitiative".* Abgerufen am 30. 07 2014 von http://www.isi.fraunhofer.de/isi-wAssets/docs/e/de/publikationen/Fallstudie_Elektromotoren.pdf

Handwerksmeister Wolfgang Umlauf. (kein Datum). *Elektro-Maschinen Umlauf; Frequenzumrichter - Einsatzzwecke von Frequenzumrichtern.* Abgerufen am 24. 07 2014 von http://www.umlauf.org/Frequenzumrichter

Roswandowicz, D.-I. H. (2014). *Energieeffizienzagentur; Hocheffizienzmotoren - Energieeinsparung durch Drehzahlregelung.* Abgerufen am 22. 07 2014 von

http://www.energieeffizienzagentur.eu/optimierungbestandsanlagen/hocheffizienzmo
toren/index.html

Spindeldreier, U. (2009). *Die Bundesregierung - Steigerung der Energieeffizienz.*
Abgerufen am 22. 07 2014 von
http://www.bundesregierung.de/Content/DE/StatischeSeiten/Breg/ThemenAZ/Energi
epolitik/energiepolitik-2006-07-31-steigerung-der-energieeffizienz.html

Thomas, S. (03. 09 2013). *Logistik Knowhow - Stetigförderer/Unstetigförderer.*
Abgerufen am 22. 07 2014 von
http://logistikknowhow.com/stetigfoerdererunstetigfoerderer/

Umweltbundesamt. (2009). *Energieeffizienz bei Elektromotoren.*
*Mindestanforderung für Umweltbelastung und Stromeinsparung beschlossen.*
Dessau-Roßlau: Umwelt Bundesamt.

VEM motors GmbH. (2011). *vem-group; Energieeffizienz aktuell - Der Umgang mit*
*den neuen Regeln über Wirkungsgradklassen und Mindestwirkungsgrade für*
*Niederspannungs-Asynchronmotoren bis 375 kW.* Abgerufen am 22. 07 2014 von
http://www.vem-
group.com/fileadmin/content/pdf/Download/Brosch%C3%BCren/VEM-
Technik/Energieeffizienz_de.pdf

Volz, D. I. (2010). *Deutsche Energie Agentur GmbH (dena) - Ratgeber: Elektrische*
*Motoren in Industrie und Gewerbe: Energieeffizienz und Ökodesign-Richtlinie.*
Berlin: Deutsche Energie Agentur GmbH (dena).

Volz, D.-I. G. (2014). *Deutsche Energie-Agentur GmbH; Infoblätter Fördertechnik:*
*Elektrische Motoren und Antriebssysteme.* Berlin: Deutsche Energie-Agentur GmbH.

Volz, D.-I. G. (2013). *IHK München und Oberbayern.* Abgerufen am 22. 07 2014
von Neue Effizienzklassen und Anforderungen an energieeffiziente Motoren -
Energieeinsparpotentiale und Hinweise zur Umsetzung:
https://www.muenchen.ihk.de/de/innovation/Anhaenge/01_Volz_Neue-
Effizienzklassen-und-Anforderungen.pdf

Volz, D.-I. G. (2010). *Ratgeber „Elektrische Motoren in Industrie und Gewerbe:*
*Motorenarten. ".* Deutsche Energie-Agentur GmbH (dena).

Zahoransky, R., Allelein, H.-J., Bollin, E., Oehler, H., & Schelling, U. (2010, 5.
überarbeitete und erweiterte Auflage, ). *Energietechnik.* Wiesbanden: Vieweg +
Teuber / Springer Fachmedien.